LIVINGROOM
2016
客厅
中式风格

本书编写组 ◎ 编

U0319036

海峡出版发行集团
THE STRAITS PUBLISHING & DISTRIBUTING GROUP

福建科学技术出版社
FUJIAN SCIENCE & TECHNOLOGY PUBLISHING HOUSE

全抛釉地砖　　水曲柳饰面板

无纺布壁纸　　实木地板

实木拼花板　　　　　　　　爵士白大理石

橡木饰面板　　壁布

榆木地板　　　　　　　　阿曼米黄大理石

红橡木线条 玻化砖

绒面硬包 银镜

黑白根大理石 皮革软包

仿古砖 抛光砖

爵士白大理石 文化石

实木地板　　　　　　　　　　　　　　　　　　沙比利饰面板

实木复合地板　　　胡桃木窗棂

红樱桃木饰面板　　　　　　　　　　软包

实木地板　　　　　　　　　纱线壁纸

胡桃木饰面板　　　　　　　　仿洞石砖

茶镜　　　　　　　　　软包　　　　黑胡桃木线条　　　　米黄大理石

全抛釉地砖　　　红橡木饰面板

西班牙米黄大理石　　　　　　肌理漆　　　　仿洞石砖　　　　实木地板

新米黄大理石　　　　　　　　　　銀镜

新西米黄大理石　　　　胡桃木饰面板　　　　　　玻化砖　　　　黑金花大理石

壁纸　　　　爵士白大理石

西班牙米黄大理石　胡桃木饰面板　无纺布壁纸　安曼米黄大理石

大理石瓷砖　莎安娜米黄大理石

大理石瓷砖　　　　硬包

壁布　　　　中花白大理石

砂岩浮雕　　　　无纺布壁纸

世纪米黄大理石　　　　爵士白大理石

仿古砖　　　　茶镜

壁纸　　　沙比利饰面板

大理石瓷砖　　　有色乳胶漆

西班牙米黄大理石　　　纱线壁纸

爵士白大理石　　　银镜

胡桃木饰面板　　　布艺硬包

壁布　　　　　　　　　　　　仿古砖

月光米黄大理石　　　　深啡网纹大理石

沙比利饰面板　　　　　　　　实木地板

大理石瓷砖　　　　　　　　壁布

壁布　　　　　　　　　　　　　　　　　　　红胡桃木饰面板

橙皮红大理石　　　　　　全抛釉地砖　　　　　　肌理漆

大理石瓷砖　　　　茶玻璃　　　　　　世纪米黄大理石　　　　金箔

有色乳胶漆　　橡木饰面板

大理石瓷砖　　汉白玉大理石

实木复合地板　　米黄洞石

文化石　　　　　　　安曼米黄大理石

纱线壁纸　　黑胡桃木饰面板

沙比利饰面板　　仿古砖

爵士白大理石　　大理石瓷砖

硬包　　实木地板

仿洞石砖　　灰镜

印花灰镜　　银白龙大理石

仿洞石砖　　　黑镜

黑铁木线条　　实木地板

仿洞石砖　　　　　　实木地板

水曲柳饰面板　　云石

全抛釉地砖　　　枫木饰面板

实木地板　　　　　黑镜

黑胡桃木饰面板　　　　　　　纱线壁纸

无纺布壁纸　　　　　　玻化砖

胡桃木饰面板　　黑白根大理石

埃及米黄大理石　　　爵士白大理石

茶镜　　　　　安曼米黄大理石　　　　　　　　　　　　　　　　肌理壁纸

仿古砖　　　　硅藻泥

红橡木饰面板   全抛釉地砖   壁布   实木地板

纱线壁纸   西班牙米黄大理石

黑胡桃木饰面板   无纺布壁纸   仿洞石砖   仿古砖

美国米黄大理石 印花银镜

无纺布壁纸　玛雅灰大理石

仿古砖　云石

银镜　灰木纹大理石

玻化砖　黑白根大理石

抛光砖　　　红胡桃木饰面板　　　　安曼米黄大理石　　　实木地板

黑金花大理石　　　　　　实木拼花地板　　　　爵士白大理石　　　无纺布壁纸

壁布　　　　胡桃木窗棂

西班牙米黄大理石　　　纱线壁纸　　　　莎安娜米黄大理石　　　茶镜

米黄洞石　　　　　　　　　　黑镜　　　　　　　　　　　　无纺布壁纸

灰镜　　　　　　　爵士白大理石

波斯灰大理石　　　　　　砂岩浮雕

灰镜　　　　　　　　　　全抛釉地砖　　　　　　　　沙比利饰面板

实木地板　　　　金线米黄大理石

实木复合地板　　　无纺布壁纸

仿古砖　　　无纺布壁纸　　　茶镜　　　　　　抛光砖

仿洞石砖　　　胡桃木饰面板　　　黄木纹石　　　实木地板

爵士白大理石　　　纱线壁纸　　　砂岩浮雕　　　月光米黄大理石

胡桃木饰面板　　　　　　　　莎安娜米黄大理石

壁布　　　　　　　　　　米黄洞石

无纺布壁纸　　　　　　　　硬包

黑铁木饰面板　　　　　　米黄大理石

安曼米黄大理石　　　　　灰镜

爵士白大理石　　　实木地板

无纺布壁纸　　　　全抛釉地砖

黑胡桃木饰面板　　仿洞石砖

仿古砖　　　黑铁木饰面板

铁刀木饰面板　　　　爵士白大理石

金镜　　　　仿古砖

茶镜　　　　无纺布壁纸

金箔　　　　实木地板

硬包　　　　月光米黄大理石

无纺布壁纸　　　　　　　　全抛釉地砖　　　　　　　　　　　玻化砖　　　红木饰面板

纱线壁纸　　　　莎安娜米黄大理石

世纪米黄大理石　　玉石　　　黑胡桃木饰面板　　实木地板

胡桃木线条　　金线米黄大理石　　　　　　黑白根大理石　　西班牙米黄大理石

纱线壁纸　　　　米白洞石

仿洞石砖 　　　　　　　　　　　水曲柳饰面板

安曼米黄大理石 　　　　　　　　文化石

无纺布壁纸 　实木地板

爵士白大理石 　　　　　　　　　纱线壁纸

仿洞石砖 　红橡木饰面板

实木地板　胡桃木饰面板

仿古砖　红木线条

米黄洞石　　全抛釉地砖

爵士白大理石　　壁布

皮革软包　　纱线壁纸

古典米黄大理石   胡桃木线条

红木饰面板   壁布

洞石　　　　　硬包

实木地板　　　　雅士白大理石

实木地板　　　黑胡桃木饰面板

旧米黄大理石　　　樱桃木线条

茶镜　　　　月光米黄大理石　　　　　　　　　　米白洞石

浅啡网纹大理石　　　　布艺硬包

银镜　　　无纺布壁纸

爵士白大理石　　　　西班牙米黄大理石

实木地板　　　无纺布壁纸

胡桃木饰面板　　莎安娜米黄大理石

金花米黄大理石　　　　　　　银箔　　　　　　　　　　全抛釉地砖　　　　　　　　纱线壁纸

布艺硬包　　　　　　　　　　　　　　　　　　　　　　枫木饰面板

黑胡桃木饰面板　　　　　　　　　　米黄洞石

壁布

仿洞石砖

仿古砖

有色乳胶漆

茶镜

世纪米黄大理石

实木复合地板

无纺布壁纸

纱线壁纸

黑胡桃木饰面板

全抛釉地砖　　　　玉石

玻化砖　　　　橙皮红大理石

沙比利饰面板　　　　全抛釉地砖

仿洞石砖　　　　皮革硬包

胡桃木饰面板　　　　布艺硬包

壁布　　　　　　　　　　　　　　　　　　　　　皮革硬包

仿洞石砖　　　　布艺软包

实木地板　无纺布壁纸

金碧辉煌大理石　　　　银镜

全抛釉地砖　艺术壁纸

36

黑胡桃木饰面板　　　实木地板　　　　　　　　　　壁布　　　　　　　　　　实木地板

水曲柳饰面板　　　纱线壁纸

深啡网纹大理石　　　　爵士白大理石　　　　肌理漆　　　　实木地板

有色乳胶漆　　　　　　　　　　　　　　　　　　　　　　砂岩

黑胡桃木饰面板　　　　茶镜　　　　　　壁布　　　　爵士白大理石

红橡木饰面板　　　米黄洞石

拼花木地板　　　纱线壁纸

安曼米黄大理石　　　硬包

玉石　　　爵士白大理石

壁布　　　全抛釉地砖

大花白大理石 全抛釉地砖

安曼米黄大理石 壁纸

玻化砖 黑胡桃木饰面板

阿曼米黄大理石 玻化砖

中式风格

沙比利饰面板 爵士白大理石

皮革硬包　　　　　　　　　　　　　金碧米黄大理石　　　　纱线壁纸　　　　　　　　　　　　文化石壁纸

爵士白大理石　　　　　　　　　茶镜

全抛釉地砖　　　　　　　　　　　　　　　　硬包

41

布艺硬包　　　　　　　　　　莎安娜米黄大理石

西班牙米黄大理石　　　壁布　　　橡木饰面板　　　　　　　　　　护墙板

金箔　　　　世纪米黄大理石　　　　　黑胡桃木线条　　　大理石瓷砖

玻化砖　　　　黑胡桃木饰面板

斑马木饰面板　　　实木地板

仿洞石砖　　　仿古砖

壁纸　　　洞石

红胡桃木饰面板　　雨林啡大理石

全抛釉地砖　　　莎安娜米黄大理石

纱线壁纸　　　　　　　　　　　　　布艺软包　　实木地板　　胡桃木饰面板

红胡桃木饰面板　　　　　　　　　　　　　　　　　　　　　　壁布

红胡桃木饰面板　　　　实木地板　　　　　　　　壁布　　铁刀木饰面板

安曼米黄大理石　　　　　文化石　　　　　壁布　　　　　硬包

实木地板　　　绒布软包　　　　　实木地板　西班牙米黄大理石

复古实木地板　　　　　　　　　全抛釉地砖　　雨林棕大理石

红胡桃木饰面板　　爵士白大理石　　　　　　　　　浅啡网纹大理石

玻化砖　　金镜　　红樱桃木饰面板　　仿古砖

金箔　　莎安娜米黄大理石　　　　　　全抛釉地砖　　米黄洞石

胡桃木饰面板　　　　　　　实木地板

无纺布壁纸　　　　　　　　安曼米黄大理石

红胡桃木　　纱线壁纸　　　　　　　　　　壁纸　　玻化砖

仿木纹砖　　　　　　乳胶漆　银镜　世纪米黄大理石

玉石　　仿木纹砖

中式风格

壁布　　　　　　　　　　　　　　　　　　　　金线米黄大理石

实木复合地板　　胡桃木饰面板　　　　　　　　水曲柳饰面板　　　　黑镜

大理石瓷砖　　　茶镜　　　　　　　爵士白大理石　　　　　　　　　纱线壁纸

银镜　　　全抛釉地砖　　　　　米黄大理石　　　　　布艺硬包　　　　　沙比利饰面板

文化石　　　　　　　　黑镜　　　　　西班牙米黄大理石　　胡桃木饰面板

世纪米黄大理石　　　　　　　沙比利饰面板

植绒壁纸　　　　　实木地板

纱线壁纸　　　　　大理石瓷砖

壁布　　　　　　　　　　　　　　古典米黄大理石

壁布　　　　　　　爵士白大理石

米黄洞石　　长城板

黑镜　　　　全抛釉地砖

灰网纹大理石　　　玻化砖　　　爵士白大理石

米黄洞石　　　　　　　　　　　　　　　　壁布

安曼米黄大理石　　　　　仿古砖

大理石瓷砖　　　装饰砖

有色乳胶漆　　　　胡桃木饰面板　　　　黄木纹砂岩　　　　　　　　　　　　　纱线壁纸

玉石　　　　　　　　　　　　　　　　　　　莎安娜米黄大理石

实木地板 无纺布壁纸

银镜 爵士白大理石

壁布 西班牙米黄大理石

爵士白大理石 硬包

麻纹壁纸 浅啡网纹大理石

玻化砖 植绒壁纸

麻纹壁纸　　　　玻化砖　　　　有色乳胶漆　　　　莎安娜米黄大理石

米黄洞石　　　　金线米黄大理石　　　　胡桃木线条　　实木地板

纱线壁纸　　　　　　　　　　　　　　　　　　　茶镜

仿古砖　　　　　　　　　　实木地板

实木复合地板　　　　壁布

仿古砖　　　　　　枫木饰面板

车边银镜　　　　仿洞石砖

仿皮纹砖　　　　　无纺布壁纸

安曼米黄大理石　　　　　　壁布　　　　　　硬包　　　玉石

红胡桃木饰面板　　纱线壁纸

全抛釉地砖　　红橡木饰面板　　　　　实木地板　　艺术壁纸

西班牙米黄大理石　　　全抛釉地砖

深啡网纹大理石　　　　爵士白大理石

无纺布壁纸　　　仿木纹砖

米白洞石　　　玻化砖

爵士白大理石　　斑马木饰面板　　　全抛釉地砖　　壁布

浅啡网纹大理石　　　　　　　　　　　软包　　　　银镜

纱线壁纸　　爵士白大理石　　　　　　玻化砖　　枫木饰面板

沙比利饰面板　　　实木复合地板

米黄大理石　　　大花白大理石

金镜　　　　　　壁布

实木地板　　　无纺布壁纸

安曼米黄大理石　　　红胡桃木线条

实木地板　　　　硬包

黑镜　　　　玻化砖

全抛釉地砖　　　　仿古砖

闪电米黄大理石　　黑白根大理石

壁布　　　　胡桃木窗棂

仿古砖　　　　枫木线条　　　红胡桃木窗格　　月光米黄大理石

洞石　　　　　　　　　　　　　　　　　　　　　　　　　　　　无纺布壁纸

仿洞石砖　　　　茶镜　　　　　实木复合地板　　　　　　硬包

仿古砖　　黑铁木窗格

壁布　　爵士白大理石

西班牙米黄大理石　　玻化砖

橡木饰面板　　大理石瓷砖

爵士白大理石　　　　金箔

西班牙米黄大理石　　　　　仿古砖

枫木饰面板　　全抛釉地砖

仿洞石砖　　　　纱线壁纸

沙比利饰面板　　　实木地板

黑白根大理石　　　　　　　金世纪米黄大理石

洞石　　　　　　　　　　　　　　　　　　纱线壁纸

仿古砖　　　　　　枫木线条

玉石　　　　　金箔

无纺布壁纸　　　实木地板

壁布　　　　　　　　　钻石米黄大理石　　　　　仿洞石砖　　　　　　　　　　　　茶镜

乳胶漆　　实木地板　　　　　　　　　　闪电米黄大理石　　　　　　　　　实木复合地板

实木地板　　　　　　　　沙比利饰面板

硬包　　　　　　　　　爵士白大理石　　　　　　枫木饰面板　　　　无纺布壁纸

沙比利饰面板　　　　新西米黄大理石

壁布　　　　　　　　　实木地板

黑胡桃木饰面板　　　　仿古砖

胡桃木饰面板　　　　世纪米黄大理石

布艺硬包　　　　黄金天龙大理石

砂岩浮雕　　　　黑镜

爵士白大理石　　　黑铁木饰面板

玻化砖　　　　　　麻纹硬包　　　　　　　　　　　　　　实木地板　　爵士白大理石

砂岩浮雕　　　　　　　　　　　　　　安曼米黄大理石

砂岩　　　　　　　　　　玉石　　　　　爵士白大理石　　　　　　　全抛釉地砖

全抛釉地砖　　　硬包

仿古砖　　　　　　　　乳胶漆

实木地板　　　布艺硬包

茶镜　　　　　　　　世纪米黄大理石

艺术壁纸　　　实木地板

米白洞石

马赛克瓷砖　　银镜

仿古砖　　　玻化砖

全抛釉地砖　　文化石

黑胡桃木饰面板　　世纪米黄大理石

玉石　　　无纺布壁纸

纱线壁纸　　　水曲柳饰面板　　　新西米黄大理石　　　黑镜

玻化砖　　　枫木饰面板　　　红樱桃木饰面板　　　无纺布壁纸

壁布　仿古砖　印花银镜　实木复古地板

灰镜　　安曼米黄大理石　黑胡桃木饰面板　洞石

红胡桃木线条　　全抛釉地砖

纱线壁纸　　　　　　　　　灰木纹石　　　　　　　　　仿古砖　　　玉石

黄木纹砂岩　　　　　　　　　　　　　　　　　　　爵士白大理石　　银镜

玉石　　　　实木地板　　　　　　　灰镜　　硬包

无纺布壁纸   全抛釉地砖

雅士白大理石   红橡木饰面板

安曼米黄大理石   美国樱桃木饰面板

仿古砖   文化石

水曲柳线条   实木地板

硬包　　　　　　　美尼斯金大理石　　黑胡桃木饰面板　　　　玻化砖

埃及米黄大理石　　　　　　　壁布　　水曲柳饰面板　　　　　　　玉石

水曲柳饰面板　　爵士白大理石

爵士白大理石　　　　　　　　　　　　硬包　　　　　　　　　　　　　仿古砖　　美尼斯金大理石

实木地板　　　　　　胡桃木饰面板

全抛釉地砖　　　　　　　　　　　　　　　　　仿古砖

无纺布壁纸　　浅啡网纹大理石

实木地板　　　　世纪米黄大理石

月光米黄大理石　　无纺布壁纸

文化石　　黑镜

玉石　　　　实木地板

实木地板　　　　麻纹硬包

玉石　　　　仿古砖

实木地板　　　　仿古砖

安曼米黄大理石　　　　麦哥利饰面板

布艺软包　　　实木复合地板

莎安娜米黄大理石　　　　　　　　　　　　银镜　无纺布壁纸　　　　　　　　　　金世纪米黄大理石

米黄洞石　　　乳胶漆

艺术屏风　　　银镜

壁布　　　　莎安娜米黄大理石

全抛釉地砖　　　　硬包

乳胶漆　　　　水曲柳饰面板

大理石瓷砖　　　　仿古砖

米白洞石　　　　黑胡桃木窗格

实木地板　　　无纺布壁纸　　　　　黑镜　硬包　　　　　　　　微晶石

实木地板　　　　　　　　　　　　　　　　　　　　　　　木纹石

仿古砖　　黑镜　　　　实木地板　　月光米黄大理石

深啡网纹大理石　　黑白根大理石

仿古砖　　艺术壁纸

浅啡网纹大理石　　玉石

黄木纹石　　黑胡桃木窗棂

茶镜　　仿古砖

爵士白大理石　　　　　　沙比利饰面板

壁布　　莎安娜米黄大理石

胡桃木线条　　新西米黄大理石

实木地板　　仿古砖

银镜　　月光米黄大理石

实木地板　　意大利米黄大理石

麻质硬包　　爵士白大理石

全抛釉地砖　　茶镜

浅啡网纹大理石　　软包

胡桃木饰面板　　世纪米黄大理石

胡桃木线条　　　微晶石

无纺布壁纸　　　米黄洞石

纱线壁纸　　　　　　　　　　　　　　　黑檀木饰面板

无纺布壁纸　　　　　　　　　　　　　　　安曼米黄大理石

新西米黄大理石　　　　纱线壁纸

红线米黄大理石　　　　　　　壁布

乳胶漆　　　　　　　　　　米白洞石

枫木线条　　　实木复合地板

安曼米黄大理石　　　　　　壁布

深啡网纹大理石　　月光米黄大理石

图书在版编目（CIP）数据

2016客厅. 中式风格 /《2016客厅》编写组编. —福
州：福建科学技术出版社，2016.3
ISBN 978-7-5335-4940-4

Ⅰ. ①2… Ⅱ. ①2… Ⅲ. ①客厅 – 室内装饰设计 – 图
集 Ⅳ. ①TU241-64

中国版本图书馆CIP数据核字（2016）第008655号

书　　名　2016客厅·中式风格
编　　者　本书编写组
出版发行　海峡出版发行集团
　　　　　福建科学技术出版社
社　　址　福州市东水路76号（邮编350001）
网　　址　www.fjstp.com
经　　销　福建新华发行（集团）有限责任公司
印　　刷　福建彩色印刷有限公司
开　　本　889毫米×1194毫米　1/16
印　　张　5.5
图　　文　88码
版　　次　2016年3月第1版
印　　次　2016年3月第1次印刷
书　　号　ISBN 978-7-5335-4940-4
定　　价　33.00元
　　　　　书中如有印装质量问题，可直接向本社调换